Anleitung zum Gebrauch

der

Botanischen Wandkarte

entworfen

von

Dr. Friedrich Brüllow.

Berlin.
Verlag von Georg Reimer.
1855.

Wenn schon mit Recht von jedem Lehrgegenstande gefordert wird, daß er anschaulich behandelt werde, so gilt dies ganz besonders von dem naturhistorischen Unterrichte. Alle Mittel müssen hier in Anwendung kommen, um dem Schüler eine möglichst deutliche Vorstellung von dem vorgeführten Gegenstande zu geben und wenn auch das Naturprodukt selbst sein bester Repräsentant ist, so müssen ihm doch zur deutlicheren Auffassung aller seiner Verhältnisse gute Abbildungen zur Seite stehen. Es kommt aber bei dem Wieviel und Wie immer auf den Bildungsgrad des Schülers an, und ein verständiger, praktischer Lehrer wird denselben Naturgegenstand mit einem zehnjährigen Knaben nicht in derselben Weise besprechen, wie mit einem vierzehnjährigen oder noch älteren Schüler; während es ihm bei jenem darauf ankommt, daß derselbe die äußere Gestalt in ihren Haupttheilen auffasse, wird er bei diesem sein Augenmerk mehr darauf richten, daß er auch die innere Organisation und den wesentlichen Zusammenhang aller Theile begreife, damit es ihm klar werde, warum das vorgeführte Individuum so und nicht anders auftrete und handele; damit er einsehe, weshalb dasselbe die ihm im System angewiesene Stelle einnehme und ein nothwendiges Glied in der großen wunderbaren Kette der Wesen in dem weiten Reiche Gottes sei.

Es ist demnach auch hier das einzig richtige Verfahren, vom Concretum zur Abstraction überzugehen. Wer aber verlangt, daß mit dem Schüler, auch selbst in der Naturgeschichte, nur das besprochen werden soll, was ihm in natura vorgeführt werden kann, der beschränkt den Kreis des Mitzutheilenden entweder auf wenige Gegenstände, oder er fordert Unmögliches. Wenn dem

Schüler der Schädel eines Hundes gezeigt werden kann, so läßt sich auch mit Erfolg bei guten Abbildungen vom Fuchse, vom Wolfe und von der Hyäne sprechen; wenn der Knabe eine rachenförmige oder schmetterlingsförmige Blüthe genau betrachtet hat, wenn er das Eigenthümliche einer Composite oder der Nachtschattenpflanzen kennt, so kann sich eine Reihe von Pflanzengattungen daran anschließen, ohne daß jede einzelne in Natur vorgezeigt und auf's genaueste beschrieben würde.

Freilich muß gerade der Lehrer der Naturgeschichte am unermüdlichsten in Herbeischaffung von Unterrichtsmitteln sein, und was er von anderer Seite her nicht erlangen kann, das muß er selbst anfertigen. Er muß naturhistorische Sammlungen anlegen, selbst Abbildungen von anschaulicher Größe entwerfen; besonders Skelette, die immer einen tiefen Blick in die innere Oekonomie eines Thieres zulassen, machen oder zeichnen und sich so viel Geschicklichkeit aneignen, an der Tafel durch eine einfache Zeichnung auf die wesentlichen Merkmale eines Naturproduktes aufmerksam machen zu können. Ein sehr zweckmäßiges Verfahren scheint es mir aber auch zu sein, daß der Schüler selbst so früh als möglich zur bildlichen Darstellung naturhistorischer Gegenstände angeleitet werde. Stellt seine Hand selbst während der Belehrung des Lehrers die Körperformen eines Gegenstandes dar, mögen sie auch Anfangs nicht naturgetreu gelingen, so prägen sich seinem Gedächtnisse dieselben viel tiefer ein, als wenn nur das Auge das an der Tafel entworfene oder vorgezeigte Bild, oder auch den natürlichen Körper anschaut; und wie viel andere Nebenvortheile knüpfen sich an ein solches Verfahren an! Wie manche müßige Stunde wird zu Hause dadurch ausgefüllt; wie arbeitet eine solche Uebung dem künftigen Naturzeichnen vor und wie zweckmäßig leitet es zu späteren Fachbeschäftigungen für's Leben hin! Die Schüler lieben solche Aufgaben; das ersehe ich aus der Erfahrung, daß öfter eine anderweitige Arbeit versäumt wurde, als daß eine aufgegebene naturhistorische Zeichnung ausfiel. Hat der Schüler mit dem vollendeten achten Jahre die Elemente des Lesens, Schreibens und Rechnens erlernt und fängt er an, sich mit Naturgeschichte zu beschäftigen, so ist er schon befähigt, die einfachsten naturhistorischen Zeichnungen nach dem vom Lehrer an die Tafel gezeichneten Vorbilde nachzuzeichnen; man lasse sich durch die anfänglich sehr schwachen Produkte nicht abschrecken; sie werden mit der Zeit besser und tragen zur Entwickelung manches schönen Talentes bei; auch geben sie, in ein Buch eingetragen, ein besseres Mittel zur Repetition, als eingeschriebene Diktate oder ein Leitfaden, wenn derselbe keine Abbildungen enthält. Ich habe mich deshalb bemüht, in meinen drei Leitfäden für die Naturgeschichte*) auf den zwölf Tafeln naturgetreue Abbildungen zu geben, damit sie der Schüler bei Gelegenheit des Vortrages betrachte und diejenigen, von denen sich nicht leicht an der Tafel ein Bild entwerfen läßt, nach Auswahl des Lehrers, nachzeichne.

Beim Mineralreich haben nur die Krystalle eine bestimmte, sehr regelmäßige Gestalt; ich habe deshalb in meinem Leitfaden für das Mineralreich nur die wichtigsten Krystallformen und ihre Abänderungen dargestellt; die Krystallgestalten werden übrigens dem Schüler am deutlichsten, wenn er sich durch ihm gegebene Netze diese selbst anfertigt, wozu er durch Aufmunterung von Seiten des Lehrers bewogen werden muß. Wer den häuslichen Kreis aus Erfahrung kennt, der wird wissen, daß der Knabe etwa bis zum zwölften Jahre manche freie Stunde hat, die er nicht zweckmäßig nach seiner eigenen Wahl auszufüllen weiß; bieten sich ihm nun nützliche Beschäftigungen, die ihm Vergnügen machen und deren Erfolge vom Lehrer mit Wohlgefallen aufgenommen werden, so wird er neben den Spielen, die zur Gesundheit seines Körpers dienen, manche Zeit zu solcher nützlichen Thätigkeit anwenden.

Gehen wir nun specieller auf den botanischen Unterricht über, so bietet die Pflanze gerade wegen des Reichthums ihrer Formen den vielfältigsten Stoff zu den eben beregten Uebungen: die einfachen Formen der Blätter, die durch ihre Flächengestalt das Nachbilden erleichtern, würden zu den ersten Uebungen benutzt werden können, daran könnten sich die leichtesten Blüthenformen, endlich die Wurzeln, Stengel und Früchte anschließen, bis der Schüler im Stande ist, den Habitus einer ganzen Pflanze darzustellen.

---

*) Systematische Eintheilung des Thierreichs für Schulen, mit 7 Tafeln, Posen 1843 bei Heine. Systematische Eintheilung des Pflanzenreichs für Schulen, mit 3 Tafeln, Posen 1845 bei Heine. Systematische Eintheilung des Mineralreichs für Schulen, mit 2 Tafeln, Posen 1850 bei Mittler.

Diesen Zeichnungen in der einen Stunde müssen aber stets Beschreibungen in einer andern Stunde parallel gehen, zu denen allerdings, weil jeder Schüler ein Exemplar vor sich haben muß, nur die gewöhnlichsten Pflanzen genommen werden können. Die ganze Lehre von der Gestalt und Benennung der Theile nur an wirklich vorgezeigten lebenden Pflanzen geben zu wollen, dazu wird sich jedoch selten und für zahlreiche Klassen kaum je Gelegenheit finden; man denke nur hierbei an die Schwierigkeit, besonders in größeren Städten, die nöthigen Pflanzentheile in einer gewissen Reihenfolge vornehmen zu wollen, so wird man einsehen, daß man doch immer theilweise zu guten Abbildungen oder zum Vorzeichnen an die Tafel seine Zuflucht nehmen müsse.

Hat der Schüler die Beschaffenheit einiger ächten Wurzeln, Zwiebeln und Knollen kennen gelernt, so wird er die anderen durch bildliche Darstellung ebenfalls auffassen können. Daß der Lehrer in der einen Stunde Organographie und Terminologie, in der anderen Pflanzenbeschreibung vornehme, erscheint mir deshalb zweckmäßig, weil er dann sicher ist, keinen wesentlichen Pflanzentheil nach seinen Hauptformen übergangen zu haben und weil die Aufmerksamkeit des Schülers nicht mit einem Mal auf zu Vieles gelenkt wird. Uebrigens ergänzt sich der Lehrstoff beider Stunden so sehr, daß dies fast als keine Trennung desselben betrachtet werden kann.

Anfänglich möchte eine Pflanze hinreichenden Stoff für eine Stunde geben, um sie zu beschreiben, von ihrer etwaigen Nutzanwendung oder ihrem Schaden zu sprechen und zur genaueren Diagnose einzelne Theile nach der Natur darzustellen, wobei die Schüler nach ihren verschiedenen Befähigungen sehr gut zu beschäftigen sind, indem die schwächeren nur einzelne Theile, die geschickteren außerdem auch die ganze Pflanze darstellen.*)

Ich habe eine Reihe von zwanzig Jahren hindurch gefunden, daß die Schüler bei dieser Behandlungsweise des Lehrgegenstandes viel Interesse zeigen und dies ist ja ein Hauptaugenmerk, worauf der Lehrer zu sehen hat.

---

*) Sehr instructiv ist es, wenn der Lehrer, besonders bei der Beschreibung kleinerer Pflanzen, vorher ein farbiges Bild von derselben in anschaulicher Größe entworfen hat.

Nach diesen kurzen Andeutungen über die etwa einzuschlagende Methode des naturhistorischen Unterrichtes in Bürgerschulen und den unteren Gymnasial- und Realklassen, in welchen bei Gelegenheit der Pflanzenbeschreibungen auch das Linnésche System gelehrt und auf die natürlichen Verwandtschaften der Gewächse vorläufig hingewiesen werden müßte, komme ich nun auf den Hauptgegenstand dieser Anleitung, auf den Gebrauch meiner botanischen Wandkarte in den mittleren und oberen Klassen der beiden höheren Bildungsanstalten. Nachdem in den unteren Klassen den Schülern an einigen Pflanzen die Haupttheile derselben vorgeführt und daran andere Formen angereiht wurden; nachdem sie andere Pflanzen selbst beschrieben, ihre Theile zeichneten und sie in das künstliche System zu bringen wußten, erscheint es angemessen, nun auch von dem innern Bau der Pflanze und von ihren Lebensverrichtungen zu sprechen.

Ich habe bisher auch auf dieser Stufe stets die Beschreibung von Pflanzen nicht unterlassen und zwar von solchen, bei welchen die Auffassung ihrer Diagnosen schon ein etwas geübteres Auge erfordert z. B. von Gräsern, Binsen u. s. w., ferner habe ich die vorzüglichsten Kryptogamen in der einen Stunde vorgenommen und die andere zur Morphologie, Anatomie, Physiologie und Pflanzengeographie benutzt, weil sowohl Lehrer als Schüler in dieser Weise ihr Ziel markirter vor Augen haben und sich doch zuletzt alles in dem einen Ziel vereinigt, sowohl die einzelne Pflanze, als besonders die allgemeine Pflanzennatur so allseitig als möglich kennen zu lernen. Letzteres scheint mir das Wichtigste im botanischen Unterrichte zu sein; zwar auch gut aber weniger wichtig ist es, daß der Schüler eine große Anzahl von Pflanzennamen seinem Gedächtnisse einverleibt; denn ein solcher Schatz geht in späteren Jahren mehr oder weniger verloren, wie wohl mancher Botaniker von Fach an sich selbst erfahren haben wird, wenn er das Studium aus irgend einem Grunde einige Jahre vernachlässigen mußte. Aber die Kenntniß der allgemeinen Pflanzennatur, ihre Beziehungen zum Thierreich und zum Menschen und auch die Fähigkeit, mit Hülfe eines Handbuches selbst einmal in späterer Zeit den Namen einer Species aufzufinden, geht nicht verloren und ist mir deshalb immer als Hauptsache bei dem Unterrichte erschienen.

Ich ging auf der Wandkarte von der einfachen Zelle aus und dann zum Zellgewebe, zur Organographie und zum natürlichen Pflanzensystem über, ohne jedoch in Abrede zu stellen, daß nicht in eben so zweckmäßiger Weise jeder dieser vier Abschnitte zuerst genommen werden könnte; es scheint mir, daß mit Ausnahme der Zellen und des Zellgewebes, welche offenbar zusammengehören, der eine Abschnitt nicht nothwendig die Kenntniß des anderen erfordert; sie also ziemlich unabhängige Seiten der Pflanzennatur behandeln.*)

Fig. 1. 2. 3. Von der Zelle ausgehend, habe ich zuerst drei Zellen in Bezug auf die Bewegung des Pflanzensaftes dargestellt. Fig. 1 mit einem einfachen, Fig. 2 und 3 mit mehrfachem, schlingenförmigem, nach dem Zellenkern gerichtetem Saftlauf; die Richtung des gelblichen Stromes ist durch kleine Pfeile angedeutet. Der Zellenkern, der den Zellen im jugendlichen Zustande nur selten fehlt, ist jedoch nicht immer der Mittelpunkt dieser Strombewegung, wenn er auch in anderer Beziehung als das Centralorgan der Zelle angesehen werden kann;**) ja er wird sogar bei den Zellen der Characeen und der Vallisnerie in den Strom mit fortgerissen. Die Zellen färben sich durch das Blattgrün, das sich nur an Theilen erzeugt, die dem Lichte ausgesetzt sind, besonders an den Laubblättern. Das Chlorophyll (Blattgrün) besteht meist in rundlichen
Fig. 4. 5. 6. Körnchen. Fig. 4, 5 u. 6, welche durch Anwendung von Salpetersäure und Jodtinktur eine bräunliche Färbung erhalten (Fig. 6). Bei der Behandlung der Zelle mit diesen Stoffen zieht sich, wie an der Fig. 6 deutlich zu sehen ist, das Schleimhäutchen (der Primordialschlauch) von der innern Zellenwand zurück und schrumpft
Fig. 7. zu einem Säckchen zusammen. Bei Fig. 7 hat das Blattgrün die Gestalt eines Spiralbandes angenommen und deutet schon somit auf die im Pflanzenreich so häufig vorkommende Spirale hin.
Fig. 8. Fig. 8 A, B müßte eigentlich bei Fig. 21 stehen, da sie Beispiele von der Gestalt der Zellen, nicht aber von ihrem Inhalte geben; ich mußte mich hier der Nothwendigkeit, die der Farbendruck verlangte, fügen.

---

*) Ich entwarf die Zeichnungen der Wandkarte außer nach eigenen Beobachtungen besonders nach den Werken von Schleiden, Schacht, Roßmäßler, Winkler und Schnizlein.

**) A. Braun, Verjüngung in der Natur 1851. S. 186.

Die Bastfaserzelle des Flachses bildet einen gleich dicken cylindrischen Faden, die Zelle der Baumwolle (ein Haar, das auf der Oberfläche des Samens entsteht) eine bandförmige, sehr dünnwandige Röhre, wodurch man unter dem Mikroscop bei der Leinwand sehr gut erkennen kann, ob dieselbe mit Baumwolle untermischt ist oder nicht.

Fig. 9. 10. 11. 12 durch ungleichmäßige Verdickung der Wand Fig. 9. 10. 11. 12.
gebildete Faser- und Porenzellen, auf die ähnlichen Bildungen in den sogenannten Gefäßen hindeutend. Sie zeigen, daß die Gefäße selbst eigentlich nur verlängerte und verbundene Zellen sind.

Fig. 13 und 14 stellen die zwei hauptsächlichsten Arten der Fig. 13. 14.
Vermehrung der Zellen vor. Die umfassendsten Untersuchungen über diesen Gegenstand haben Mohl, Schleiden, Unger, Nägeli, A. Braun und Pringsheim angestellt.

Nach den scharfsinnigen Untersuchungen dieser Naturforscher können sich die Zellen auf sehr mannigfaltige Art vermehren; aber alle verschiedenen Arten lassen sich auf zwei Hauptfälle zurückführen: 1) Zellbildung durch Theilung oder Abschnürung (Fig. 14), Fig. 14.
welche im Bereiche der vegetativen Gewebebildung die allgemein herrschende ist, und 2) Zellbildung durch Entstehung freier Tochterzellen im Inhalte der Mutterzelle, ein Vorgang, der ausschließlich dem Bereiche der Fructification anzugehören scheint (Fig. 13). Fig. 13.
Die letztere Art von Vermehrung der Zellen und somit von Pflanzen, denn im gewissen Sinne ist eine jede Zelle als ein selbstständiges Pflanzenindividuum zu betrachten (Protococcus, Botrydium), ähnelt am meisten der Entstehungsweise des Jungen im Thierreich, da die Mutterzelle dabei nicht aufhört als Zelle zu existiren.

Nach diesen beiden Zeichnungen könnten Fig. 16. 17 und 18 Fig. 16. 17. 18.
zur Betrachtung kommen, da sie auch nur wegen der im Zellensaft vorkommenden Körperchen dargestellt sind. Diese Figuren stellen Zellen aus einer Cactusart mit verschiedenen Krystallgestalten vor. Es kommen indeß Krystalle (wenn sie spieß- oder nadelförmig sind, auch Rhaphiden genannt), noch in vielen andern Pflanzen vor, z. B. in der Porzellanblume, der Aloe, in der Wurzel der Runkelrübe, im Stengel des Rhabarbers u. s. w.; dieselben sind als solche Pflanzen zu betrachten, die eine Fülle, vielleicht Ueberfüllung von mineralischen Bestandtheilen enthalten, weshalb die

Krystalle als Ausscheidungsstoffe angesehen werden können; sie bestehen meist aus kleesaurem (oxalsaurem), aus schwefelsaurem (Gyps) oder kohlensaurem Kalk, letzterer häufig in den Samenhüllen. Auch hier finden wir ein Analogon mit dem Thierreich, da solche Ausscheidungen bei dem letzteren gar nicht selten sind; wir finden sie bei der Bildung der Eischale, der Kalkstämme der Polypen oder Korallen, der Gehäuse der Muscheln und Schnecken, dem Knochen des sogenannten Dintenfisches, so wie im Skelett der Wirbelthiere, ja sogar in krystallinischer Form in der Zirbeldrüse des menschlichen Gehirns.

Fig. 19. 20. Fig. 19 und 20 sind Eiweißzellen einer Palmenart mit verdickter Zellenhaut; durch Befeuchtung mit Jod sind die Stärkemehlkörnchen (Amylum) des Eiweißes (Albumen oder Endosperm) im Zellensaft blau gefärbt, und man kann daher diesen von der verdickten Haut deutlich unterscheiden. Die Zellenhaut bleibt ungefärbt oder nimmt nur schwach die Farbe des Jod, nämlich eine
Fig. 15. braune Farbe an. Fig. 15 sind einige Stärkemehlkörnchen sehr vergrößert, durch Jodtinktur blau gefärbt, abgebildet. Sie zeigen einen excentrischen Kern und bei a eine deutliche Schichtung. Wenn die Zellenhaut sich so verdickt, daß sie den Pflanzensaft ganz verdrängt, so ist die Zelle als todt zu betrachten.

Fig. 21. 22. 23. Fig. 21. 22. 23 sind minder gewöhnliche Zellenformen dargestellt, von denen die sternförmigen im Stengel mehrerer Wasserpflanzen, die schwammförmigen in den Halmen der Gräser, die
Fig. 24. 25. buchtigen bei Schilfarten vorkommen. Fig. 24 und 25 sollen durch ideelle Darstellung die Bildung des Zellgewebes im vertikalen Durchschnitt versinnlichen, und anschaulich machen, wie durch das Aneinanderliegen der weichen, kugelförmigen Zellen sowohl die Dodekanderform der Zellen entsteht, als auch die Intercellulargänge gebildet werden; denn so wie die ungestörte Kugelform der Zellen in der Natur wohl höchst selten vorkommt, und überhaupt nur (z. B. in dem Knollen der Kartoffel) annähernd erreicht wird, so findet sich auch die regelmäßige Zwölfflächnergestalt (Fig. 25) nicht vor; die stets übrig bleibenden Lücken bilden dann in der Uebereinanderfolge der Zellen die Zwischenzellengänge.

Fig. 26. Bei Fig. 26 gehören die platten Zellen der Haut an, die kugeligen, darunter liegenden Parenchymzellen sind mit Stärkemehl erfüllt. Fig. 27 ist in der Absicht auf die Karte gebracht, um anschaulich zu machen, wie die Zellenhaut an den Stellen, wo zwei Zellen aneinanderliegen (durch den aufströmenden Zellensaft), siebartig durchlöchert wird; die Scheidewände werden endlich ganz absorbirt und es entsteht durch Ineinandermündung mehrerer Zellen ein schlauchartiges Gefäß. Fig. 27.

Fig. 28. 29. 37. 38. 39. Diese fünf Figuren habe ich auf die Wandkarte gebracht, um zu zeigen, daß die gefärbten Zellen ihre Farbe 1) durch gefärbte Körnchen im farblosen Zellensaft erhalten können, 2) daß der Zellensaft selbst gefärbt sein kann, und 3) daß der Saft selbst farblos sein, aber die Zellen*haut* den Farbestoff enthalten kann (Fig. 38). Hierbei findet mit wenigen Ausnahmen das allgemeine Gesetz statt, daß bei der blauen Farbenreihe: blau; carminroth und violett (Fig. 28. 29. 37) der Saft selbst gefärbt ist, bei der gelben Farbenreihe aber: gelb, orange, zinnoberroth, braun (Fig. 29), kleine Kügelchen in dem farblosen Safte die Farbe der Zelle hervorbringen; ja es kommt zuweilen vor, daß innerhalb *einer* Zelle der Saft carminroth gefärbt ist und außerdem zinnoberrothe Körnchen vorhanden sind. Fig.28.29. 37. 38. 39.

Hieran würde sich am zweckmäßigsten dasjenige anschließen, was der Lehrer aus der Pflanzenchemie anführen will, da nach Anleitung der Karte schon auf mehrere Bestandtheile der Zelle hingewiesen ist, andere Bestandtheile aber entweder gar nicht oder nur unvollkommen bildlich dargestellt werden können. Dr. Moritz Seubert's Lehrbuch der gesammten Pflanzenkunde (Stuttgart bei J. B. Müller 1853) giebt im 1. Kapitel des vierten Abschnitts der allgemeinen Pflanzenkunde so Ausreichendes über Pflanzenchemie für den Standpunkt einer höheren Bildungsanstalt, wie es der Lehrer derselben nur immer gebraucht. Ueberhaupt kann ich nicht umhin, hierbei zu bemerken, daß dieses Lehrbuch in gedrängter Kürze Alles enthält, was der Lehrer, wenn er sich nicht gerade einen einzelnen Theil der Botanik zum besondern Studium gemacht hat, nöthig hat.

Dies Buch und eine gute Flora daneben, wird ihn bei allen Fragen in Bezug auf Botanik nur selten im Stiche lassen. Wieder zur Anatomie zurückkehrend, geben die Fig. 30 und 40 Darstellungen von Spaltöffnungen, und zwar Fig. 30 die obere Ansicht, Fig. 40 den Querdurchschnitt einer Spaltöffnung. Solche Spaltöffnungen kommen besonders auf der unteren Seite der Blätter Fig.30.40.

so häufig vor, daß z. B. auf einem Quadratzoll vom Blatte des schwarzen Flieders ihre Zahl 63,000 abgeschätzt wurde; sie finden sich bloß an grüngefärbten Pflanzentheilen, in der größten Zahl auf der unteren Fläche des Blattes vor, die zwar der Luft zugekehrt, aber von der Sonne abgewendet und vor Nässe geschützt ist. Die Schließzellen, welche sie begrenzen, liegen meist tiefer als die Oberhautzellen.

Fig. 31. Fig. 31 stellt verschiedenartige Gefäße aus dem Längsschnitt des italienischen Schilfrohrs vor; außer den hier vorkommenden
Fig. 32. Ringgefäßen und Spiralgefäßen und dem in Fig. 32 abgebildeten Treppengefäß aus einem Balsaminenstengel könnte man noch die netzförmigen Gefäße, deren Bildung durch die Fig. 10 abgebildete Zelle erläutert wird, anführen; ferner die punktirten Gefäße; sie unterscheiden sich von den getüpfelten Gefäßen wohl nur durch die größere Weite des Schlauches und die zahlreicheren Reihen der Punkte. Bei beiden entstehen die hellen Punkte auf der Wand der Röhre dadurch, daß bei der innern Ablagerung von neuen Schichten diese Stellen unverdickt bleiben. Endlich haben wir noch die rosenkranzförmigen Gefäße zu erwähnen; sie entstehen aus kürzeren und bauchigen in einander mündenden Gefäßzellen, welche punktirt oder netzartig gebildet sein können. Sie finden
Fig. 35. sich ebenfalls in dem Stengelknoten der Balsamine; Fig. 35 giebt eine Vorstellung von einem rosenkranzähnlichen Gefäß aus einem Cactusstamme, das auf seiner Innenfläche netzartige Fasern besitzt.

Alle diese Gefäße wurden bis zur Fig. 35 im Längsschnitt
Fig. 33. 34. abgebildet; wogegen uns Fig. 33 und 34 die Gestaltung der mannigfaltigen innern Organisation eines Stengels im Querdurchschnitt vorführt. Ich habe hierzu einen einjährigen Buchenzweig gewählt und glaube zu diesen beiden Zeichnungen nichts hinzufügen zu müssen. Schon durch ein mittelmäßiges Mikroscop wird man auch in der Natur, wenn man recht sorgfältig einen feinen Abschnitt unter das Objectivglas bringt, einen solchen Querschnitt anschaulich machen können, und da es gewiß sehr zweckmäßig ist, wenn die Schüler auch von solchen Gegenständen zuweilen eine natürliche Anschauung erhalten, so würde ich zur Betrachtung von Beispielen rathen, die durch ihre Regelmäßigkeit, Mannigfaltigkeit und Deutlichkeit dem Auge besonders gefallen. Ich habe von den befähigteren Schülern öfter Zeichnungen nach

dem Blick in das Mikroscop entwerfen lassen, und sie haben dies mit vielem Interesse gethan. Auch der Querschnitt eines Balsaminenstengels würde sich sehr dazu eignen, da ein dünner Schnitt wegen der Weichheit des Stengels sich leicht ausführen läßt. Hält man bei dem Durchsehen durch das Instrument streng auf Ordnung, so kann eine Zahl von fünfzig Schülern recht gut in einer halben Stunde eine genügende Ansicht erhalten, um so mehr, wenn sie vor dem Hineinsehen durch eine ähnliche bildliche Darstellung auf die Hauptsachen aufmerksam gemacht sind.

Noch habe ich bei Fig. 36 den Längsdurchschnitt vom ge- Fig. 36.
meinen Kiefernholze hinzugefügt, da sich der anatomische Bau der Nadelhölzer wesentlich von dem anderer Holzgewächse unterscheidet; denn außer den Markstrahlen, die nach der Quere des Stammes gehen, finden sich nur noch langgestreckte, der Länge nach gehende Zellen, weshalb sich das Holz von Nadelbäumen so regelmäßig und leicht spaltet; außerdem wird das Aufsteigen des Saftes in diesen Zellen dadurch sehr befördert, daß die Zellenwand kreisförmige Vertiefungen hat, deren Mitte wenigstens im Alter durchlöchert ist, durch welche Löcher nun der aufsteigende Saft nicht durch Endosmose, sondern unmittelbar in die höher liegende Zelle übergehen kann, oder doch nur die sehr feine primäre Zellwand zu durchdringen hat.

Fig. 41 die Milchgefäße oder Lebenssaftgefäße können eigent- Fig. 41.
lich als Milchsaft führende Intercellulargänge betrachtet werden, wenn sie auch später mit einer Haut versehen sind; sie kommen bei den Wolfsmilcharten, dem Schöllkraut, dem Mohne, den Lattigarten, dem Maulbeerbaume und dem Upasbaume vor; bei der Wolfsmilch finden sich eigenthümliche Amylumstäbchen im Milchsaft. In neuester Zeit ist die frühere Behauptung von Schultz, als seien diese Milchgefäße den Adern der Thiere vergleichbar, für unrichtig erkannt worden.

Fig. 42 und 43 giebt noch in sehr bedeutender Vergrößerung Fig. 42. 43
einen Markstrahl und Spiralfasern von Buchenholz; bei ersterem kann die Eigenthümlichkeit der getüpfelten Zellen erkannt werden.
Fig. 44 dient zum Vergleich mit der Organisation des Nadel- Fig. 44.
holzes (Fig. 36), der Unterschied in Form und Beschaffenheit der Gefäße kann leicht erkannt werden; die porösen Gefäße im Eichen-

holze sind so weit, daß man mit einem Pferdehaar mehrere Zoll tief in dieselben hineinstoßen kann.

Es folgen nun Pflanzenzellen, welche man in neuester Zeit bei kryptogamischen Gewächsen vielfach beobachtet hat, und die wegen ihrer an thierische Willkührlichkeit streifenden Bewegung die Aufmerksamkeit der Naturforscher, namentlich von Unger, Thuret, Nägeli, A. Braun und Schacht auf sich gezogen haben; nämlich
Fig. 45—56. die Schwärmsporen und Schwärmfäden Fig. 45—56. Wenn man die Fäden gewisser grüner Algen (Conferven) unter dem Mikroscop beobachtet, so wird man nach nicht langer Zeit kugelförmige oder eiförmige Körperchen aus den Zellen heraustreten sehen (Fig. 47 Zellfaden von Ulothrix zonata a. b.), sie drehen
Fig. 48. sich von rechts nach links (Fig. 48) mit großer Schnelligkeit um ihre Axe und schreiten dabei oft sehr rasch vorwärts; sie werden
Fig. 46. 49. 50. Schwärmsporen genannt; bei langsamerer Bewegung Fig. 46 A und B (von Ulothrix) und 49. 50 (von Chlamidococcus pluvialis) bemerkt man zwei bis vier feine Fädchen an der einen Seite, die sich in lebhaften Schwingungen befinden; sie tummeln sich in scheinbar ganz willkührlicher Bewegung im Wasser umher, legen bald kreisförmige, bald schlangenförmige Bahnen zurück, bis sie sich endlich zu Boden senken, in Ruhe übergehen und bei den fadenartigen Algen mit dem wimpertragenden Ende ansetzen, verlängern und so von Neuem zum Algenfaden auswachsen *). Von
Fig. 52—56. anderer Bildung sind die Schwärmfäden Fig. 52—56; sie kommen bei Chara und bei den höheren geheim blühenden Pflanzen, bei Moosen, Farrnkräutern und Schachtelhalmen vor, und befinden sich in Organen, die man den Staubbeuteln der höheren Pflanzen für gleichbedeutend hält; sie treten mit oder ohne die zarte Mutterzelle, in welcher sie entstanden sind, aus ihrem Behältnisse heraus, bestehen aus einem langen, an einem Ende verdickten Fädchen und bewegen sich mit ungemeiner Schnelligkeit im Wasser schlangenförmig umher, schreiten wurmförmig fort und können durch

---

*) Behandelt man einen Sporenmutterschlauch, z. B. Fig. 45 von der eßbaren Trüffel (Tuber cibarium) mit Zucker und Schwefelsäure, so färbt sich nach wenigen Minuten der Zelleninhalt rosenroth, aber die Zellenhaut nimmt dabei keine Färbung an. Die Trüffel hat übrigens, wie die Pilze überhaupt, keine beweglichen, sondern ruhende Sporen.

Jodlösung, Fig. 55. 56, zur Ruhe gebracht werden, bei welcher Gelegenheit man zwei oder mehrere noch feinere Fädchen oder Wimpern an dem einen Ende bemerkt. Auch die Schleudern bei den Lebermoosen, Fig. 51 von Scapania compacta, welche sich Fig. 51.
in besonderen Zellen der Sporenbehälter bilden und schon mit bloßem Auge unterscheidbar sind, zeigen Bewegung, doch wird dieselbe nur durch die Fähigkeit der Pflanzenfaser, sich durch Feuchtigkeit auszudehnen und bei Trockenheit zusammenzuziehen, d. i. durch ihre Hygroscopicität, hervorgebracht.

Für die Morphologie oder die Lehre von der Gestaltung des Pflanzenkörpers sind auf der Wandkarte eine Reihe von Abbildungen gegeben, wobei auch gezeigt wird, nach welchen Gesetzen diese Gestalten zur Entwicklung kommen und welche Hauptgesichtspunkte man in der Mannigfaltigkeit der Gestalten festzuhalten habe; und zwar gehen diese Abbildungen von Nr. 57 bis 111. Hinsichtlich dieser Gesetze in der Gestaltung der Pflanzen fangen wir mit der letzten Abbildung Fig. 111 an: dieselbe giebt ein Fig. 111.
ideales Bild einer Pflanze mit allen wesentlichen Organen, stellt eine sogenannte Urpflanze vor, wie sie sich Göthe wohl gedacht haben mag und Schleiden in seinem Werke „die Pflanze und ihr Leben" uns in so gelungener Weise vorgeführt hat; in der Wirklichkeit würde ihr das Gauchheil (Anagallis) am meisten entsprechen. Die Lebenskraft im Pflanzenkörper äußert sich nach zwei Hauptrichtungen: nach der senkrechten und nach der horizontalen. Die Axe oder das Stengelorgan hat die erstere Richtung, daher sind in der Abbildung alle Theile derselben mit a (a I — a VI) bezeichnet; die horizontalen, seitlichen Organe entwickeln sich aus diesem Hauptorgane, es sind die Blattbildungen in den mannigfaltigsten Formen und mit verschiedenen Bestimmungen; sie haben alle zur Bezeichnung den Buchstaben c (cI—cVII). Die Buchstaben b und d sind nur zur Bezeichnung von Nebenaxen gebraucht, nämlich b für die Zweige der Wurzel und d für die Knospen, die in ihrer späteren Entwickelung die Bildung des Hauptkörpers wiederholen. Das einfachste Pflanzenindividuum, wie es auf den niedersten Stufen des Pflanzenreichs sich darstellt, bringt es kaum zur Ausbildung des in die Länge gestreckten Haupttheiles, bei welchem in höherer Entwickelung (bei den Phanerogamen) die Wurzel a, der eigentliche Stengel a I—a V

und die Samenknospe (Pflanzenei) a VI unterschieden werden kann. Schon bei den entwickelteren Kryptogamen, wie dies in den einzelnen Ausbildungsstufen des Farrnkrautes Fig. 57 anschaulich gemacht ist, treten die seitlichen Theile (Blätter) hervor und zwar wird die erste Blattform sehr einfach sein, wie es bei c die Keimblätter sind; in einer höheren Ausbildung macht sich das Blatt freier vom Stengelorgan durch den Blattstiel bei c I, der Rand zertheilt sich, wird buchtig, getheilt, endlich bildet es mehrere Blättchen aus, es wird ein zusammengesetztes (gedreites, gefiedertes) Blatt (c II); späterhin neigt sich das Laubblatt (c III) einer andern Bestimmung, der Fortpflanzung zu; es wird wieder einfacher, kleiner, verändert schon zuweilen seine grüne Farbe; es wird im weiteren Verlauf der fortschreitenden Bildung Kelchblatt (c IV) und bildet somit den untersten Theil der Blüthe, der sich, wie alle folgenden Theile der Blüthe, nur bei Phanerogamen findet; über den Kelch hinaus nimmt das Blatt einen zarteren Bau an, prangt in den verschiedensten Farben, haucht ätherische Oele aus und dient zur Umhüllung der innersten und wesentlichsten Blattgebilde der Blüthe, es gestaltet sich zum Kronenblatt (c V); auf der nächstfolgenden Stufe wird es zum Staubgefäß (c VI), indem die Blattflügel sich zu beutelartigen Fächern zusammenziehen, in welchen freie Zellchen gebildet werden, der Blüthenstaub oder Pollen, der als männliches Organ zur Regeneration des Pflanzenindividuums dient, und welcher innerhalb der Fruchtblätter (c VII), als der letzten Stufe der Blattbildung, die Samenknospe befruchtet. Alles, was die Einzelpflanze zusammengedrängt besitzt, was sich oft nur unvollkommen an ihr erkennen läßt, das soll die Urpflanze in ihren auseinandergelegten Theilen im Uebergang von einem Gebilde zum andern in erkennbaren Formen versinnlichen.

Fig. 57—63. Die Fig. 57—63 gehen auf die verschiedene Entwickelung des Samens von ohnsamenlappigen ein- und zweisamenlappigen Pflanzen ein; der ausgebildete Samen läßt in seinem Keim bei den beiden letzteren schon die verschiedene Natur des Gewächses erkennen; was bei dem Samenknöspchen (Ovulum), das den Keim der neuen Pflanze erst als einfache Zelle (Keimbläschen) enthält, noch nicht möglich ist, eben so wie sich von dem Keimbläschen der verschiedenen Thiere schwerlich sagen läßt, ob sich daraus ein Polyp, der die Tiefen des Meeres bewohnt, entwickeln oder ob der Herr der Erde daraus hervorgehen werde.

Die Figuren von 57—63*) möchten wohl der Erläuterung nicht bedürfen, da bei jeder Figur die Bedeutung ihrer Theile angegeben ist, aber es erscheint mir zweckmäßig, daß wir an die vorige Bemerkung, von der Entstehung der Pflanze aus dem Keimbläschen anknüpfen und dabei Fig. 78. 79. 80. 81. 82. 83 zu Hülfe nehmen. Die Pflanzennatur ist eine so unschuldige, reine, daß ich nie Anstand genommen habe, mit Schülern über diesen Gegenstand zu sprechen und namentlich scheint mir, daß sie durch die Anschauung der Zeichnungen eine klare Einsicht, so weit sie bis jetzt die Naturforscher möglich gemacht haben, gewinnen können. Nach Schleiden und Schacht ist alle Entwickelungskraft zur neuen Pflanze in dem Blüthenstaub, als der eigentlichen Fortpflanzungszelle, (Pollen) vereinigt und die (weibliche) Samenknospe ist nur die Werkstätte, wo die Ausbildung derselben zur Keimpflanze vor sich geht; während nach der älteren und neuerlich von Amici, Mohl und Hofmeister unterstützten Ansicht der Blüthenstaub bloß befruchtend auf den im Samenknöspchen (Ovulum) selbst entstehenden Keim wirken soll. Welche Ansicht auch die richtige sein mag, der sichtbare Vorgang ist folgender: (Fig. 80 und 82) der Pollen fällt, vom Staubbeutel dahingeworfen, auf die feuchte Narbe (Fig. 80 a), bildet hier einen Schlauch aus, der durch den Staubweg b hindurchgeht und sich in den Fruchtknoten c begiebt, hier dringt er durch den Samenmund in die Samenknospe d ein, was in Fig. 82 beim Längsschnitt der Samenknospe deutlicher zu sehen ist, wo a den Pollen, b den Schlauch und c die Samenknospe vorstellt; nachdem der Pollenschlauch die beiden Hüllen des Ovulums und die Spitze des Eikerns durchdrungen hat, gelangt er im Innern zu einer größeren Zelle (dem Keimsack), in welcher nach seiner Ankunft das Keimpflänzchen (Embryo) sich entwickelt, sei es, daß der Pollenschlauch selbst sich durch Verdickung und Zellbildung an seiner Spitze zum Keimpflänzchen ausbilde, sei es, daß er sich bloß anlege und der Keimling sich aus einem schon vorhandenen Keimbläschen entwickele.

Fig. 57—63.

Fig. 78—83.

Fig. 80. 82.

*) Auf der Tafel ist Fig. 57, die Entwicklung des Farrnkrauts aus der Spore darstellend, aus Versehen mit der Ziffer 60 bezeichnet.

Fig. 81. 83. Fig. 81 und 83 zeigen die Keimpflanze in etwas weiterer Entwickelung.

Bei den Coniferen hat sich schon, ehe der Pollenschlauch zum Embryosack gelangt ist, letzterer mit zahlreichen Zellen erfüllt, unter denen einige durch besondere Größe sich auszeichnen, welche
Fig. 78. man Keimhöhlen (Corpuscula) nennt (Fig. 78, von Taxus baccata, a Eikern, b Pollenschlauch, c verkümmerter Pollenschlauch, d Embryosack mit 2 Keimhöhlen). In jeder Keimhöhle bildet sich die Anlage zu einem Keimling (Embryo), von denen aber nur einer in seiner Ausbildung wirklich fortschreitet. Auch hat man Grund zu vermuthen, daß zuweilen ein Pollenschlauch mehrere Embrya und umgekehrt, mehrere Pollenschläuche ein Embryo befruchten.

Fig. 79. Bei Fig. 79, der Abbildung einer halbreifen Samenknospe von Pedicularis sylvatica, bildet sich nur ein Embryo im Keimsack, welcher von der Eihülle c umgeben, von dem Endosperm d erfüllt ist und bei f eine Aussackung hat; der Pollenschlauch b tritt an die schnabelförmige Spitze des Embryosacks a, innerhalb welcher ihn der schlauchförmige Embryoträger fortzusetzen scheint, an dessen Spitze sich der Embryo (e) bildet.

Nach der bereits angeführten Darstellung von Schleiden und Schacht würde die Fortpflanzung der Gewächse mit der der Thiere wenig Uebereinstimmung zeigen, namentlich würde die Linnésche Lehre von den Geschlechtern der Pflanzen gänzlich wegfallen. Was diese Auffassung zu unterstützen scheint, ist die Aehnlichkeit der Sporen der Kryptogamen mit den Pollenkörnern der Phanerogamen; erstere werden unmittelbar ausgesäet und keimen getrennt von der Mutterpflanze; letztere werden nach Schleiden gleichsam eingesäet in die Samenknospe um dort ihre erste Entwicklung zu erhalten. Für die entgegenstehende Ansicht von Amici, Mohl und Hofmeister *) spricht das Vorkommen befruchtender Organe (der Antheridien mit den Schwärmfäden) bei den Kryptogamen, welches darauf leitet, daß auch der Pollenschlauch der Phanerogamen bloß eine die Entwickelung des Keimes der neuen Pflanze

---

*) Wilh. Hofmeister: Die Entstehung des Embryo der Phanerogamen 1849 pag. 4. Man vergleiche auch A. Braun: Die Verjüngung in der Natur 1851 pag. 178 und 295.

anregende Thätigkeit ausübt, in welchem Falle die hergebrachte Vergleichung der Fortpflanzungsverhältnisse der Pflanzen mit denen der Thiere gerechtfertigt wäre.

Nachdem nun die wichtigsten Verhältnisse über die Entstehung des Eichens oder der Keimknospe (ovulum oder gemmula) gegeben sind, auch an einem wirklichen Samen, z. B. der Bohne, die wesentlichen Theile desselben: der Eimund (micropyle), der Nabel (hilus), die Samenhüllen (integumenta), der Eikern (nucleus), der Keimsack (sacculus embryonalis), das in demselben sich bildende Eiweiß (Endosperm) und endlich der Keimling (embryo) besprochen sind, würde nach den folgenden Figuren die Anheftung der Eichen an die Samenleiste (spermophorum) und die verschiedene Lage und Richtung derselben gezeigt werden können, um auf die Regelmäßigkeit und Mannigfaltigkeit in dieser Beziehung bei den einzelnen Pflanzenfamilien hinzuweisen.

Die Figuren von 84 bis 90 sind an und für sich deutlich Fig.
und bedürfen hier wohl nicht der weiteren Besprechung. Aber 84—90.
auch der Embryo selbst bietet in Richtung und Lage eine große Mannigfaltigkeit und es zeichnet sich, wie in mancher anderen Beziehung, auch hier das Pflanzenreich vor dem Thierreiche, selbst in diesem einfachen Gebilde, durch Mannigfaltigkeit der Formen und Regelmäßigkeit ihrer Anordnungen aus. Die Figuren 91 Fig.
bis 94 geben hierzu einige Belege. Eine ähnliche bewundrungs- 91—94.
würdige Regelmäßigkeit kann auch in der Lage der noch unentwickelten Theile der schon herangewachsenen Pflanze beobachtet werden, wozu die nachfolgenden Figuren von der Blattfaltung Fig.
(vernatio) Fig. 95—101, von der Knospenlage (foliatio) Fig. 102 95—101.
bis 105, und dem gleichfalls hieher gehörigen Querdurchschnitt 102—105.
einer einsamigen und zweisamenlappigen Pflanze (Fig. 106 und 107) 106. 107.
einige Veranlassung geben. Bei der monokotyledonischen Pflanze sehen wir die Zahl 3 mit ihren Produkten 6 und 9 vertreten, wogegen bei der dikotyledonischen die Zahlen 5 und 2 und ihre Produkte auftreten. Was in den vorangehenden Figuren zur Hinweisung der Regelmäßigkeit in der Anordnung der Blüthentheile bloß im Grundriß der Blüthen dargestellt ist, das kann auch in drei Figuren bei der vollständigen Blüthe gefunden werden. Man theilt nämlich die Blüthen im Allgemeinen in regelmäßige (Fig. 133 Fig. 133.
die Berberitzenblüthe), wenn die Theile der einzelnen Kreise unter

sich alle gleichmäßig ausgebildet sind, so daß die Blüthe eine strahlige Gestalt hat; und in unregelmäßige oder besser symme-
Fig. 108. trische (Fig. 108 eine Orchis), wenn sich eine Axe durch die Blüthe ziehen läßt, zu deren beiden Seiten die Theile wohl gleich sind, aber wobei nicht auch die Theile oben und unten an der Axe gleichgeformt sind. Zu den symmetrischen Blüthen gehören außerdem die Schmetterlingsblüthen, die Lippen- und Rachenblüthen, die Blüthen des Veilchens, des Sturmhuts, Ritterspörns, so wie die Strahlblüthen der Compositen und mancher Dolden-
Fig. 132. gewächse (Fig. 132). Die Abbildungen über Blatt- und Blüthenstellung von Fig. 64—77 sind bekannt genug und deren Beschreibung in jeder Flora zu finden; in Kürze in meinem botanischen Leitfaden.

Zum System übergehend, habe ich zuerst eine vollständige Pflanze für die beiden Kreise, der Pflanzen, der Kryptogamen
Fig. 114—116. (Fig. 114 Parmelia parietina, gemeine Wandflechte, wozu das fadenartige Zellgewebe mit eingestreuten losen Keimzellen oder Gonidien Fig. 115, und die Flechtenfrucht Apothecium Fig. 116) und der Phanerogamen nach ihren beiden Abtheilungen, nämlich den Monocotyledonen (Fig. 110 Allium Moly) und Dicotyledonen
Fig. 109. 110. (Fig. 109 Malva vulgaris gemeine Malve) gegeben; so daß also ein Repräsentant für jede der drei Abtheilungen nach ihrem eigenthümlichen Habitus vorhanden ist.

Soll der Schüler eine klare Einsicht in das Walten der Natur beim Pflanzenreich gewinnen, so muß er mit dem natürlichen Pflanzensysteme bekannt gemacht werden. Das künstliche System erlernte er auf einer früheren Stufe, damit er im Stande war, die beschriebenen und kennen gelernten Pflanzen nach einer gewissen Ordnung zu rangiren, auch finden sich schon mehrere Klassen darunter, die in Bezug auf die Gestalt der Blüthe, ja des ganzen Habitus manche Aehnlichkeiten haben; das Aufmerksammachen auf diese Eigenschaft wird ihn zur Auffassung des natürlichen Systems hinüberführen. Das Ordnen verschiedener Gegenstände ist dem menschlichen Geiste so naturgemäß, daß der einfachste Mensch bei Gegenständen des Lebens darauf von selbst geführt wird: warum sollte der Knabe, auch wenn er erst 40 bis 50 Pflanzen kennen gelernt hat, nicht dazu angehalten werden, diese nach einem System zu ordnen, da im künstlichen Systeme diese Merkmale so leicht aufzufassen und zu behalten sind? Das natürliche System wird er nicht eher begreifen, als wenn er den Bau der Pflanze schon gründlicher und allseitiger aufzufassen sich geübt hat. Dann wird es ihm aber auch von besonderem Nutzen sein. Um die natürlichen Abstufungen des Gewächsreiches und die Verwandtschaften, wie sie im natürlichen Systeme dargelegt werden, begreifen zu können, muß er das scheinbar oft so Verschiedene in seiner wesentlichen Uebereinstimmung auffassen können; er muß wissen, wie die Pflanze im äußeren sowohl, als im inneren Bau das Mannigfaltigste mit den einfachsten Mitteln hervorbringt, daß die Verschiedenheiten des äußeren Baues auf der Abänderung weniger Grundorgane, namentlich der Blätter, die des inneren Baues auf der verschiedenen Gestaltung eines und desselben Elementarorgans, der Zelle, beruhen, durch deren verschiedenartige Thätigkeit die Pflanze alle ihre Lebensaufgaben erfüllt. Um endlich die Pflanze als integrirenden Theil in der Natur hinzustellen, mache man ihn in der Pflanzen-Physiologie und Chemie darauf aufmerksam, daß sie zu ihrer Ernährung ihren Tribut aus der Luft, dem Wasser und der Erde fordert und daß sie durch den größeren Verbrauch von Kohlenstoff als von Sauerstoff den Ueberschuß des letzteren aus der aufgenommenen Kohlensäure der Luft wieder zurückgiebt, wodurch sie in eine merkwürdige Wechselwirkung mit dem Thiere tritt, welches den Sauerstoff der Luft aufnimmt und Kohlensäure an diese zurückgiebt. Die Eintheilung des Pflanzenreichs nach dem natürlichen System beruht auf der Mannigfaltigkeit in den Formen der ganzen Pflanze, mit der allerdings auch die innere Organisation zusammenhängt, ferner auf der Art und Weise, wie sich die horizontale Richtung der Theile einer Pflanze von der vertikalen Hauptaxe herausbildet, wie sich diese Theile wiederum mannigfaltig gestalten, einförmig oder in den verschiedensten Formen erscheinen. Darum setzen wir in diesem System die Alge und den Pilz auf die niedrigste Stufe, weil beide nicht einmal das Stengelorgan in seinen Haupttheilen, der Wurzel und dem eigentlichen Stengel zu scheiden vermögen; darum setzen wir die freiblumigen, kelchständigen, zweisamenlappigen Pflanzen, z. B. die Schmetterlingspflanzen auf die höchste Stufe, weil wir hier alle Theile in der größten Selbstständigkeit und Lebensthätigkeit entwickelt sehen. Ich habe mich bei der bildlichen Darstellung des natürlichen Systems demjenigen angeschlossen, welches Kittel in seiner rühmlichst bekannten Flora Deutschlands anwendet; es steht dem Jussieu'schen am nächsten, nur sind die zehnte Klasse: einblättrige stempelständige Blumenkrone bei verwachsenen Staubbeuteln und die elfte Klasse: einblättrige, stempelständige Blumenkrone mit freien Staubbeuteln in eine Klasse: Staubgefäße und Blumenkrone stempelständig, vereinigt worden.

Die Flora Deutschlands von Kittel enthält ferner keine Kryptogamen, welche in Jussieu's System eine Klasse ausmachen; es sind indessen die blattlosen kryptogamischen Gewächse von den beblätterten so verschieden, daß ich daraus nach dem Vorgange Decandolle's und Anderer zwei Klassen gebildet habe, von denen die erste Klasse drei, die zweite Klasse sechs Familien enthält. Hiemit stimmt auch das System von Endlicher überein, welcher die blattlosen Kryptogamen als Lagerpflanzen (Thallophyta) gleichfalls von den mit Stamm und Blättern versehenen trennt, so wie die Flora der Mark Brandenburg von Ruthe. Die Characeen, die zehnte Familie bei Ruthe, habe ich nach dem schon angeführten Lehrbuche der gesammten Pflanzenkunde von Seubert unter die Familie der Algen mit einschließen zu können geglaubt. Bei der Eintheilung der Kryptogamen konnte ich in der bildlichen Darstellung des Systems bis zu den Familien herunter gehen, von den Phanerogamen aber wegen der Menge der Familien nur die Klassen darstellen, da dem System nur ein kleiner Raum auf der Wandkarte zuertheilt werden konnte; wegen dieses Mangels an Raum mußte ich auch die deutschen Bezeichnungen der Familien und der Beispiele in der zweiten und dritten Ordnung fortlassen, weshalb ich sie in dieser Anleitung nachholen will. Demnach zerfällt das ganze Pflanzenreich in zwei Kreise: in geheimblühende Pflanzen (Cryptogamia), welche wohl auch schlechthin blüthenlose genannt werden können, und in deutlich blühende Pflanzen (Phanerogamia), welche als Blüthenpflanzen bezeichnet werden können. Beide Kreise enthalten zusammen drei Abtheilungen; der erste Kreis die eine Abtheilung: I. ohnsamenlappige Pflanzen (Acotyledones); der zweite Kreis hat zwei Abtheilungen, nämlich: II. Abtheilung: einsamenlappige Pflanzen (Monocotyledones), III. Abtheilung: zweisamenlappige Pflanzen (Dicotyledones), zu denen auch die vielsamenlappigen Pflanzen (Polycotyledones) gerechnet werden.

Die I. Abtheilung umfaßt zwei Klassen: 1. Klasse: blattlose, ohnsamenlappige Pflanzen (Acotyledones aphyllae) und die 2. Klasse: blattbildende, ohnsamenlappige Pflanzen (Acotyledones foliaceae). Die II. Abtheilung zerfällt in drei Klassen. Die III. Abtheilung muß aber, wegen der Menge ihrer Klassen zunächst in drei Ordnungen gebracht werden: 1. Ordnung: blumenlose, zweisamenlappige Pflanzen (Dicotyledones apetalae), 2. Ordnung: Blumen mit einblättriger Blumenkrone (Dicotyledones monopetalae); 3. Ordnung: Blumen mit mehrblättriger Blumenkrone (Dicotyledones polypetalae).

Jede dieser Ordnungen enthält drei Klassen, doch ist der ersten Ordnung noch die Klasse derjenigen Pflanzen hinzugefügt, welche getrennten Geschlechtes sind, so daß die erste Ordnung in Wirklichkeit vier Klassen zählt. Das ganze System umfaßt daher 15 Klassen.

Indem ich mir die Charakterisirung der Kreise, Abtheilungen und der beiden ersten Klassen, deren Kennzeichen theils allbekannt sind, theils schon im Namen liegen, erspare, gehen wir nach dieser kurzen Uebersicht zu den Repräsentanten dieser Klassen, welche auf der Wandkarte gegeben sind, über.

Erster Kreis, I. Abtheilung, erste Klasse, 1. Familie: Fungi, Schwämme, entbehren einer wahren Wurzel, schließen sich in Stoffbeschaffenheit und Funktion dem Thierreich an, da sie viel Stickstoff und kein Chlorophyll enthalten, schnell verfaulen, keinen Sauerstoff sondern nur Kohlensäure ausathmen, Sauerstoff verbrauchen und schon gebildeten organischen Stoff zu ihrer Nahrung bedürfen; die Sporen bilden sich entweder äußerlich auf dem Thallus oder sie sind in Mutterzellen (Sporenschläuchen) eingeschlossen. Die Schwämme brauchen zu ihrer Entwickelung viel Feuchtigkeit und Schatten und dauern meist nur kurze Zeit. Dazu: Fig. 112 Lycoperdon Bovista, Bovist, rundlich oder Fig. 112. etwas länglich, anfangs weiß, zuletzt bräunlich (jung eßbar), mit körniger oder warziger Oberfläche, die umhüllende Haut (Peridium) zuletzt zerrissen, Keimpulver bräunlich, blutstillend.

Erster Kreis, I. Abtheilung, erste Klasse, 2. Familie: Algae, Algen, Wassergewächse, die sich auch wohl an Stellen, welche der feuchten Luft ausgesetzt sind, entwickeln können; sie erzeugen schon Chlorophyll, manche auch einen rothen Farbestoff,

entwickeln meist eine fadenförmige, oft verzweigte, manchmal blattartig ausgebreitete Achse (Thallus), aber keine wahren Blätter; die Keimkörner sind im schleimigen oder knorpeligen oder ledrigen Thallus entweder zerstreut oder in besonderen Behältern (Sporangien); einige Gattungen scheinen sich durch bloße Theilung und Sprossenbildung fortzupflanzen. Man unterscheidet Meeralgen und Süßwasseralgen, wenige finden sich im süßen und salzigen Wasser zugleich. Der Haupteintheilungsgrund beruht auf der
Fig. 113. Beschaffenheit ihres Thallus und ihrer Sporen. Dazu: Fig. 113 Botrydium granulatum, Gallertträubling, eine senfkorngroße Alge mit aus dem Kugelkörper nach unten hervorwachsender, verzweigter Wurzel, welches Alles aber nur aus einer einzigen Zelle besteht, die sich in Geselligkeit auf überschwemmt gewesenen, feuchten, sandigen Wiesen zu vielen Millionen findet und Chlorophyllkörner in sich erzeugt, wovon sie grün gefärbt wird.

Erster Kreis, I. Abtheilung, erste Klasse, 3. Familie: Lichenes, Flechten. Sie nehmen ihre Nahrung nur aus der feuchten Luft; sie wachsen daher hauptsächlich auf Felsen und Baumrinden, seltener auf der Erde; ihr Thallus wächst vorzüglich in die Breite, seltener erhebt er sich senkrecht; er besteht aus zweien, verschieden organisirten Massen, der oberen, dichten Rindenschicht und der unteren, oder bei senkrechtem Thallus inneren flockigen Markschicht; zwischen beiden Schichten und zum Theil noch in der flockigen Schicht selbst liegen freie chlorophyllhaltige Zellen (Gonidien). Der horizontale Thallus ist entweder krustenartig angewachsen oder mit Haftfasern (rhizinae) auf seiner Unterlage befestigt; der senkrechte erhebt sich oft strauchartig oder hängt bartartig herab. Sie bilden oft den Anfang der Vegetation im hohen Norden oder auf hohen Gebirgen und geben bei ihrer Verwitterung mit dem Gestein, auf welchem sie sich befinden, die erste Humusschicht für höher organisirte Pflanzen. Ihr Gehalt an Flechtenstärke (Lichenin) giebt mehreren ihre nährende Eigenschaft. Sie pflanzen sich entweder durch die grünen Keimzellchen (Gonidien) oder durch wahre Keimkörner (Sporen) fort, welche letzteren in geschlossenen oder offenen Apothecien enthalten sind. Hierzu:
Fig. 114. Fig. 114 Parmelia parietina, die gemeine Wandflechte, mit blattartigem, häutigem, am Rande nicht angeheftetem, oft strahlig egelbachartigem und kreisförmigem Thallus und fast gestielten

Apothecien, deren eingebogene Ränder das orangengelbe Sporenlager einschließen.

Erster Kreis, I. Abtheilung, zweite Klasse, 4. Familie: Hepaticae, Lebermoose (so genannt wegen der früheren Anwendung einiger Arten gegen Leberleiden). Sie bilden im Ansehen den Uebergang von den Flechten zu den Moosen, da sie oft einen dem der Flechten nicht unähnlichen, aber immer grünen Thallus haben, d. h. eine laubartig ausgebreitete, oft mit einem Mittelnerven durchzogene Axe; doch kommen auch Formen mit deutlich gesonderten, meist zweizeiligen Blättern vor. Das Reproduktionsorgan ist ein Sporenbehälter, der aber niemals, wie bei den Moosen, mit einem Deckel versehen ist. Die Sporen werden durch sogenannte Sporenschleuderer (siehe die Abbildung) aus dem Sporangium geschafft. Auch die Lebermoose lieben die Feuchtigkeit und finden sich besonders in Gebirgsgegenden.

Dazu: Fig. 117 Jungermannia complanata, flache Jungermannie; diese Species wird häufig an Bäumen gefunden, ihr anliegender Stengel ist kriechend, die ganzrandigen, zweilappigen Blätter stehen gedrängt und ziegeldachartig, der obere Lappen fast kreisrund und der untere Lappen fast dreieckig. Fig. 117.

Erster Kreis, I. Abtheilung, zweite Klasse, 5. Familie: Musci, Laubmoose. Mit dieser Familie tritt der Charakter dieser Klasse in seiner Eigenthümlichkeit, nämlich in dem Streben nach Blattbildung auf, ohne die Ausbildung der Hauptaxe, des Stengels, zu vernachlässigen; das Innere des Stengels hat aber noch keine Spiralgefäße, sondern nur langgestreckte Zellen, die Blätter keinen Stiel und keine Spaltöffnungen. In Bezug auf die Fortpflanzungsorgane hat man in der oft langgestielten Büchse, die mit einem Mützchen, einem Deckelchen und einem einfachen oder doppelten Rande von Zähnen versehen, die Sporen um ein Mittelsäulchen in sich schließt, die weiblichen Reproduktionswerkzeuge erkannt; in einem andern, meist von vielen Blättern umgebenen schlauchförmigen Gebilde, das mit zahlreichen kleinen Zellchen erfüllt ist, in denen sich Schwärmfäden entwickeln, das männliche Organ (Antheridium) gefunden. Man theilt die zahlreichen Gattungen nach der Beschaffenheit der Kapsel, die Arten aber besonders nach den Blättern ein. Dazu Fig. 118 Polytrichum Fig. 118.
commune, Goldhaar, mit einfachem, aus 64 Zähnchen gebil-

detem Peristom, die Büchse aufrecht und vierkantig am Grunde mit einem Tellerchen; der Deckel mit einer Stachelspitze, das Mützchen mit einer großen herabhängenden Haardecke bekleidet, die Antheridien zwischen scheibenförmig ausgebreiteten Hüllblättern, der Stengel bis 1′ hoch, die Blätter am oberen Rande gesägt.

Erster Kreis, I. Abtheilung, zweite Klasse, 6. Familie: Lycopodiaceae, Bärlappen, haben fast immer einen ästigen Stengel mit Spiralgefäßen, die ziegeldachförmig angeordneten sitzenden Blätter sind schmal und spitz, den Blättern der Nadelhölzer ähnlich; die lederartigen Sporangien sind zwei- oder vierklappig und sitzen in den Achseln kleinerer schuppenförmiger Deckblätter an gestielten oder sitzenden Aehren, oder auch in den Achseln der grünen Stengelblätter. Sie enthalten viele staubfeine Sporen. Bei einigen finden sich zweierlei Sporen in verschiedenen Sporangien, größere, welche keimen, und kleinere,
Fig. 119. aus welchen sich Schwärmfäden entwickeln. Dazu: Fig. 119 Lycopodium clavatum, gemeiner Bärlapp, mit gepaarten, selten einzelnen oder vierfachen Aehren, mit gezähnelten Schuppen und haarspitzigen Blättern; der Stengel ist kriechend, seine vielfachen Zweige aufsteigend; er wächst in Wäldern und auf Haiden.

Erster Kreis, I. Abtheilung, zweite Klasse, 7. Familie: Filices: Farrnkräuter. Sie sind über einen großen Theil der Erde verbreitet, gestalten sich aber in den verschiedenen Zonen in Bezug auf ihre Größe sehr verschieden; es sind ausdauernde Pflanzen mit entweder kriechendem oder aufrechtem und dann oft holzigem Stamm, aber ohne Jahresringe, indem er im folgenden Jahre sich nur an seinem Gipfel verlängert, nicht in die Dicke wächst. Die spiralförmig stehenden, meist getheilten Blätter (Wedel, frons) sind in der Jugend schneckenförmig eingerollt und tragen auf ihrer unteren Fläche oder am Rande verschieden gruppirte, kapselartige Sporangien, welche sich oft vermittelst der Zusammenziehung ihres Ringes öffnen und die Sporen ausstreuen; letztere bilden bei der Keimung einen thallusartigen Vorkeim (Prothallium) aus, aus dem sich dann das Blattknöspchen entwickelt (siehe Fig. 57); die Häufchen (sori) der Sporangien sind oft mit einem Schleierchen (Indusium) bedeckt. Die Farrnkräuter lieben Wärme, Feuchtigkeit und Schatten und erreichen zuweilen
Fig. 120. in Tropenländern eine Höhe von 40′. Dazu: Fig. 120 Poly-

podium vulgare, Engelsüß, mit schuppigem Wurzelstocke, tief fiedertheiligem Wedel und feingesägten, stumpfen Fiedern, die sehr kleinen Sporangien in rundlichen, größeren Haufen ohne Schleierchen auf jeder Fieder in zwei Reihen.

Erster Kreis, I. Abtheilung, zweite Klasse, 8. Familie: Equisetaceae, Schachtelhalme. Die über die Erde kommenden Stengel entspringen aus einem ausdauernden unterirdischen Wurzelstocke; sie sind gegliedert, hohl, gestreift und enthalten Kieselerde (vorzüglich Equisetum hiemale); an den Gliedern stehen die kleinen Blätter quirlförmig und verwachsen zu gezahnten Scheiden. Der Stengel endigt in einem zapfenartigen Fruchtträger mit schildförmigen Sporenblättern, die auf der Unterseite der schildförmigen Fläche sechs oder mehr häutige, sackförmige Sporangien tragen, in welchen kugelige, mit Schleudern versehene Sporen eingeschlossen sind. Dazu: Fig. 121 Equisetum arvense, Fig. 121.
Acker-Schachtelhalm; man unterscheidet fruchtbare und unfruchtbare Stengel, letztere einfach-ästig, Aeste quirlförmig, ausgebreitet und vierkantig; die fruchtbaren Stengel ohne Aeste, gelblich, mit großen, lockeren, gezähnten Scheiden. Standort auf Aeckern und Wiesen.

Erster Kreis, I. Abtheilung, zweite Klasse, 9. Familie: Marsiliaceae, Zwickelfarrn. Sie haben mit den Farrnkräutern manches Aehnliche, besonders in den Blättern, welche in ihrer Jugend auch schneckenförmig zusammengerollt, seltener bloß zusammengefaltet sind; sie tragen jedoch die Sporangien nicht auf ihrer Rückseite, sondern in eigenen lederartigen, oft mehrfächerigen Kapseln, welche zunächst am kriechenden Wurzelstock aus den Blattstielen, in den Blattachseln, oder an abwärts gebogenen, wurzeltragenden Zweigen entspringen. Der Wurzelstock ist bald kriechend, bald schwimmend, und es kommen diese Pflanzen nur im oder am Wasser vor. Die Gattung Salvinia trägt zweierlei Kapseln, welche zweierlei Sporangien enthalten (siehe Fig. 122); man hält die Sporangien in den Kapseln b für die männlichen, diejenigen in den Kapseln c aber für die weiblichen. Dazu: Fig. 122 Salvinia natans, Fig. 122.
schwimmende Salvinie, mit einfächerigen, erbsengroßen, von Wurzeln umgebenen Kapseln, deren Sporangien an einem Säulchen befestigt sind, mit ästigem Stengel, elliptischen $1/2''$ langen, oberseits punktirten, kurzgestielten Blättern. Findet sich in stehenden

und langsam fließenden Gewässern nicht selten. Die freien Blätter dieser Familie, welche keinem anderen Zwecke dienen und die deutlich unterschiedenen Reproduktionsorgane möchten die Stellung derselben auf der höchsten Stufe der Kryptogamen rechtfertigen.

Zweiter Kreis, II. Abtheilung, 3. Klasse, Monocotyledones hypogynae, bodenständige, einsamenlappige Pflanzen.

Anmerkung. Wenn wir die Namen dieser und der nachfolgenden Klassen betrachten, so scheinen dieselben allerdings von Merkmalen entnommen, die auf den ganzen Habitus der Pflanze keinen Schluß machen lassen; denn ob z. B. die Staubgefäße am Grunde des Fruchtknotens oder um ihn herum, oder auf demselben stehen, das scheint für die übrige Organisation der Pflanze gleichgültig zu sein; aber es ist dies doch nicht so gleichgültig, und der Totaleindruck aller Pflanzen derselben Klasse liefert, einige Ausnahmen abgerechnet, den Nachweis, daß sie zu einander gehören.

Bei dieser dritten Klasse sind die Staubgefäße an dem Grunde des Fruchtknotens, d. i. auf dem Blüthenboden (der Blüthenaxe) befestigt. Die 8 Familien dieser Klasse sind mit Ausnahme der Gräser alle Wasser- oder Sumpfpflanzen, sie sind ohne Hauptwurzel, bloß mit Nebenwurzeln versehen; der Stengel ist meist einfach, oft hohl und knotig, die Blüthe unvollkommen oder spelzenartig, in Kolben, Aehren oder Rispen. Die in den Blüthen-
Fig. 123. kreisen herrschende Zahl ist meist 3, selten 2. Dazu: Fig. 123 Triticum repens, Queckengras, mit kriechendem, unterirdischem Stock, aufrechten Halmen, gerader Aehre und schlanken Aehrchen, die kurzen Hüllspelzen länglich fünf- und mehrnervig, die Deckspelzen bald mit, bald ohne Grannen.

Zweiter Kreis, II. Abtheilung, 4. Klasse: Monocotyledones peryginae, kelchständige, einsamenlappige Pflanzen.

Die Staubgefäße sind dem Kelche (Perigon) eingefügt und stehen daher um den Fruchtknoten herum. Sie stellen den Typus der Monocotyledonen am deutlichsten dar: der Stengel ist meist ein Schaft, die Blätter unzertheilt, schmal, scheidenartig, sitzend, mit vielen parallelen Nerven ohne Adernetz; mit Ausnahme einer einzigen Gattung der Smilaceen, bei welcher die Theilzahl 4 vorkommt, wird die Dreizahl streng eingehalten; der Embryo ist meist klein, von reichlichem Eiweiß (Perisperm) umgeben; die Hauptwurzel fehlt auch hier, indem zahlreiche Nebenwurzeln aus einem verkürzten Rhizom entspringen, das eine Zwiebel genannt wird, wenn es von schuppen- oder scheidenartigen Blättern knospenartig umhüllt ist. Dazu: Fig. 124 Hemerocallis flava, gelbe Tagblume, aus der Familie der Liliengewächse, mit großer, gelber, einfacher Blüthenhülle, ihre Zipfel sind flach, nervig und ohne Queradern, die dreifächerige Kapsel fleischig-ledrig, die Blätter linealisch, bodenständig, Schaft blattlos. Fig. 124.

Zweiter Kreis, II. Abtheilung, 5. Klasse: Monocotyledones epigynae, stempelständige, einsamenlappige Pflanzen.

Die Staubgefäße befinden sich auf oder über dem Fruchtknoten. Auch in dieser Klasse ist die Dreizahl vorherrschend, doch ändert sie sich durch Fehlschlagen zuweilen; statt der Zwiebel kommt oft ein Knollen vor, der Stengel ist beblättert und die Blätter haben nicht selten schon einen selbstständigen Blattstiel oder sind breit und sitzend; die Blüthe ist meist eine symmetrische; die Reproduktionsorgane sind zwitterig, doch kommen auch getrennte Geschlechter vor. Dazu: Fig. 108 Orchis maculata, gefleckte Rachwurz, aus der Familie der Rachwurzartigen (Orchideen). Blumenhülle sechstheilig, mit Ausnahme des gespornten, sehr breiten Lippchens, ziemlich gleich geformt, die zwei oberen inneren Theile bilden mit den drei äußeren den Helm, während der dritte nach unten gewendete Theil des inneren Kreises die Lippe bildet; durch Fehlschlagen von zwei Staubgefäßen ist gewöhnlich nur ein dritter, zweifächeriger Staubbeutel vorhanden, der mit dem dicken und kurzen Griffel verwachsen die Befruchtungssäule bildet; Fruchtknoten unterständig, gedreht, eine einfächerige Kapsel mit drei wandständigen Samenleisten; die Blüthen stehen in den Achseln lanzettlicher Deckblätter; die Laubblätter (Stengelblätter) sind mit meist reihenweisen, bräunlichen Flecken versehen, die Wurzel ist ein handförmiger Knollen. Fig. 108.

Zweiter Kreis, III. Abtheilung, I. Ordnung, 5. Klasse: Dicotyledones apetalae diclines, blumenlose, zweilagerige, zweisamenlappige Pflanzen. Zu dieser ziemlich zahlreichen Klasse gehören alle zwei- und mehrsamenlappigen Pflan-

zen, welche Blüthen mit getrenntem Geschlechte haben, die sich entweder auf einer Pflanze oder auf zwei verschiedenen Individuen finden, oder von denen es Zwitterblüthen, weibliche und männliche Blüthen giebt. Die Blüthe ist immer unvollkommen, indem die Blumenkrone, zuweilen selbst der Kelch fehlt; dagegen zeigt der Stengel eine vollkommene Ausbildung, er ist oft holzig, zum Baum oder Strauch sich erhebend, mit Jahresringen versehen, doch unterscheidet sich das Holz der Coniferen (siehe Fig. 36), wie oben ausgeführt wurde, in seiner Organisation von dem der andern Hölzer; auch hat es nur in der Markröhre einige Spiralgefäße. Die Blätter sind entweder eigenthümlich nadelförmig oder vollständig ausgebildet; der Blüthenstand ist oft ein Kätzchen,
Fig. 125. vorzüglich bei den männlichen Blüthen. Dazu: Fig. 125 Quercus robur, Steineiche, aus der Familie der Kätzchenträger (Amentaceae). Ein hoher Baum mit buchtigen, in der Jugend zart weichhaarigen Blättern; männliche Blüthen in hängenden Kätzchen; Kelch einblättrig, in 5 bis 9 Zipfel tief gespalten mit 5 bis 10 Staubgefäßen; weibliche Blüthenstände in den Blattwinkeln, wenig blüthig, die Blüthen so wie die Früchte (Eicheln) sitzend, mit einer kleinschuppigen kurzen Hülle (Schüssel) umgeben; Laubblätter mit stumpfen Lappen und kurzen, wachsgelben Stielen.

Zweiter Kreis, III. Abtheilung, I. Ordnung, 7. Klasse: Dicotyledones apetalae epigynae, blumenlose (einlagerige), stempelständige, zweisamenlappige Pflanzen. Es sind Kräuter oder Sträucher mit kriechendem oder knolligem Wurzelstocke; die Blüthen der drei Familien umfassenden Klasse sind Zwitterblüthen ohne Blumenkrone, die 6 oder 12 Staubgefäße sind am Fruchtknoten befestigt und oft mit dem Griffel verwachsen; der Kelch ist entweder regelmäßig drei- oder mehrspaltig oder ganz und dann schief. Die Dreizahl herrscht hier in allen Theilen vor, was an die Monocotyledonen erinnert; doch ist die sonstige Organisation die der Dicotyledonen; auch der Keim deutlich zweisamenlappig; die Frucht ist eine vielsamige, unterständige Kapsel. Unter den drei Familien sind die Aristolochien wegen ihrer eigenthümlichen Befruchtungsart und die Cytineen (Schmarotzerpflanzen) wegen der Größe ihrer Blüthe (die Blüthe der gemeinen Rafflesie, Rafflesia Arnoldi, mißt 3′ im Durchmesser
Fig. 126. und ist 10 Pfund schwer) besonders merkwürdig. Dazu: Fig. 126

Aristolochia Clematitis, gemeine Osterluzei, mit langgestielten, dreieckig-herzförmigen Blättern, geradem Kelche mit ungetheiltem zungenförmigen Saum, die Zunge so lang als die Kelchröhre, Blüthenstiele kurz und nach oben verdickt; der unterirdische Stock ist langgestreckt, gegliedert und kriechend.

Zweiter Kreis, III. Abtheilung, I. Ordnung, 8. Klasse: Dicotyledones apetalae perigynae, blumenlose, kelchständige, zweisamenlappige Pflanzen.

Bei diesen Pflanzen ohne Blumenkrone sind die Staubgefäße auf dem Kelche befestigt. Die 7 Familien dieser Klasse haben außer der Stellung der Staubgefäße noch mit einander gemein, daß die einfache Blumendecke meist viertheilig ist, daß die Staubgefäße in einer Anzahl von 4 oder 8 oder verschiedenzählig bei derselben Pflanze vorhanden sind, die Blätter vom linealförmigen bis zum lanzettförmigen sich verbreitern, die Frucht ein Nüßchen oder eine Beere, seltener eine Schließfrucht (bei den Chenopodeen) ist und verschiedene Theile eine intensive Säure, einen scharfen oder gewürzhaften Saft enthalten. Uebrigens kommen unter ihnen Bäume (Muskatnußbaum, Lorbeerbaum, Zimmtbaum, Sandelbaum), Sträucher (Seidelbast, Sanddorn) und Kräuter (Ampfer, Knöterig, Gänsefuß) vor. Dazu Fig. 127 Daphne Mezereum, Fig. 127.
gemeiner Seidelbast oder Kellerhals; Zahl der Lappen der einfachen Blumenhülle (des gefärbten Kelches) 4, der Staubgefäße 8; Fruchtknoten einfächerig, der Griffel mit kopfförmiger Narbe, Frucht eine dunkelrothe Beere. Der bis drei Fuß hohe wenig verzweigte Strauch trägt vor den Blättern hellrothe Blüthen, über welchen sich später die lanzettförmigen Blätter entwickeln. Die Pflanze enthält ein scharfes, Blasen ziehendes Gift.

Zweiter Kreis, III. Abtheilung, I. Ordnung, 9. Klasse: Dicotyledones apetalae hypogynae, blumenlose, bodenständige, einsamenlappige Pflanzen.

Die Staubgefäße in den Zwitterblüthen stehen im Grunde des Kelches. Die 2 Familien dieser Klasse schließen sich eng an die vorige Klasse an und ähneln am meisten den Polygoneen, machen aber auch den Uebergang zu den Blumen mit doppelter Blumendecke in sofern als oft die Vorblättchen gefärbt sind und als Kelchblätter angesehen werden könnten. Die Blüthen stehen in zusammengesetzten Aehren oder achselständigen Knäueln; die

ganze Pflanze ist kraut- oder staudenartig, Blätter einfach, meist schmal; die meisten Gattungen und Arten sind zwitterig, wechseln aber in der Zahl der Staubgefäße, welche zuweilen verwachsen sind, zwischen 5 und 20, der Stempel zwischen 2 und 10, die Frucht ist meist eine Schließfrucht; der Embryo ist ringförmig
Fig. 128. um den mehligen Eiweißkörper gebogen. Dazu: Fig. 128 Amarantus hypochondriacus, aus der Familie der Fuchsschwanzartigen (Amarantaceen), getrennten Geschlechtes, Staubbeutel mit 4 Fächern, die männliche Blüthe blaßgelb mit karminrothen Spitzen, die weibliche, so wie die Vorblätter gelbgrün, gleichfalls mit rothen Spitzen.

Zweiter Kreis, III. Abtheilung, II. Ordnung, 10. Familie: Dicotyledones monopetalae hypogynae, einblättrige, bodenständige, zweisamenlappige Pflanzen.

In dieser zweiten Ordnung hat die Blüthe eine doppelte Blumenhülle: Kelch und Blumenkrone, letztere ist aber einblättrig oder vielmehr aus verwachsenen Blumenblättern gebildet, und in dieser 10. Klasse stehen die Staubgefäße im Grunde des freien Kelches. Die 25 Familien enthalten meist Kräuter, doch kommen auch Sträucher und Bäume vor. Die Blätter sind noch einfach, seltener tief getheilt; die Blumenkrone, welche oft einen kleinen, einblättrigen, wenn auch tief getheilten Kelch hat, ist entweder regelmäßig oder symmetrisch, wie z. B. bei der großen Zahl der Lippenblumen mit zweimächtigen Staubgefäßen; die Frucht ist meistentheils eine Kapsel, eine Beere oder sie theilt sich in 4 Schließfrüchtchen, welche man früher für nackte Samen hielt. Wohl keine dieser Pflanzen ist einblumig, die Blüthchen sind meistentheils in großer Anzahl zu einem Strauß, einer Traube, einer Aehre oder zu einem Quirl zusammengedrängt. Mit Ausnahme der Familie der Solaneen und der Gattung Digitalis kommen
Fig. 129. bei ihnen keine Giftstoffe vor. Dazu Fig. 129. Atropa Belladonna, die gemeine Tollkirsche aus der Familie der Nachtschattenartigen (Solaneen), mit glockenförmiger, außen grünlicher, innen bräunlicher Krone, die einen fünflappigen Saum hat, mit 5spaltigem, bleibenden und sternförmig unter der Frucht ausgebreiteten Kelch, die 5 Staubgefäße verschließen durch ihre zottige Behaarung den Schlund beinahe, die Frucht ist eine zweifächrige, vielsamige, schwarze, innen rothe Beere; die Blätter sind eiförmig,

ganzrandig, etwas klebrig, sie stehen an den Zweigen paarweise, je ein größeres und ein kleineres, nebeneinander.

Zweiter Kreis, III. Abtheilung, II. Ordnung, 11. Klasse: Dicotyledones monopetalae perigynae, einblättrige, kelchständige, zweisamenlappige Pflanzen.

Die einblättrige Blumenkrone ist nebst den Staubgefäßen mit ihrem unteren Rande an den Fruchtknoten gewachsen. Unter den 7 Familien dieser Klasse sind nur 2 einheimische: die Vaccineen und die Campanulaceen; es gehören dahin Bäume, Sträucher und Kräuter mit meist wechselständigen Blättern, die Zahl der Blüthentheile ist immer 5 oder 4, alle Theile sind mit ihren Rändern mehr oder weniger verwachsen, der Kelch ist hier als Träger der ganzen Blüthe zu betrachten, er ist bleibend, auf ihm sind Krone und Staubgefäße befestigt, er umgiebt und beschützt die reifende Frucht. Die Lappen der Krone sind zuweilen so tief getheilt, daß sie als besondere Blätter betrachtet werden können, die Staubgefäße sind meist unten verbreitert, Griffel und Narbe einfach, die Frucht ist eine Beere oder Kapsel, der Embryo steht aufrecht im fleischigen Eiweißkörper. Dazu: Fig. 130 Vaccinium Fig. 130.
Vitis ideae, rothe Heidelbeere (Preißelbeere) mit lederartigen, verkehrteiförmigen, an der Spitze etwas gekerbten, auf der unteren Seite mit rostfarbenen Punkten versehenen Blättern, die weißlichen, fast kugeligen Blüthen in überhängenden Aehren mit dichtbehaarten Staubgefäßen; die Frucht ist eine hochrothe Beere.

Zweiter Kreis, III. Abtheilung, II. Ordnung, 12. Klasse: Dicotyledones monopetalae epigynae, einblättrige, stempelständige, zweisamenlappige Pflanzen.

Die einblättrige Blumenkrone und die Staubgefäße stehen auf dem Fruchtknoten, mit welchem der Kelch verwachsen ist. Unter den 7 Familien dieser Klasse befindet sich die reichhaltige der Compositen oder Korbblüther mit verwachsenen Staubbeuteln bei freien Staubfäden, doch sind in den andern 6 Familien die Antheren frei. Durch die große Anzahl der Compositen wird der Hauptcharakter dieser Klasse bestimmt. Die Blumenkrone ist bandförmig oder röhrenförmig und im letzteren Falle ist der Rand 4 oder 5lappig, sie ist zwitterig, eingeschlechtig und geschlechtslos; die Blüthenspindel hat sich meistentheils zu einer Fläche verkürzt und ausgebreitet, die nun von einer gemeinschaftlichen kelchartigen

Hülle (Involucrum) umgeben ist; jedes Blüthchen hat dann noch einen unvollkommenen besonderen Kelch, der größtentheils mit seinem Fruchtknoten verwachsen ist, die Frucht ist eine Achene, seltener eine Beere; der Eiweißkörper fehlt bei den meisten Familien. In den Familien, in welchen sich die Staubbeutel frei entwickeln, ist auch der Blüthenstand mehr aufgelöst und geht in ein Köpfchen oder eine Dolde über; die Blätter sind einfach bis
Fig. 131. fiederig getheilt, selten zusammengesetzt. Dazu: Fig. 131 Calendula officinalis, eine Composite mit weiblichen, fruchtbaren, zungenförmigen Randkrönchen und männlichen, röhrigen Scheibenkrönchen, der gemeinschaftliche Kelch ist halbkugelig, der Blüthenboden nackt, die Achenen ohne Haarkrönchen, unter sich von verschiedener Gestalt, zum Theil kahnförmig gekrümmt, zum Theil mehr ausgestreckt und am Rücken mit Stacheln; die Pflanze hat einen aufrechten Stengel, unten mit spatelförmigen, oben mit sitzenden, lanzett-eiförmigen Blättern und orangen Blüthen.

Zweiter Kreis, III. Abtheilung, III. Ordnung, 13. Klasse: Dicotyledones polypetalae epigynae, mehrblättrige, stempelständige, einsamenlappige Pflanzen.

Die Blumenkrone ist mehrblättrig und ist nebst den Staubgefäßen auf dem Fruchtknoten befestigt, letzterer ist mit dem Kelche verwachsen. Der Blüthenstand bei den Pflanzen dieser Klasse ist fast immer eine Dolde oder zuweilen eine Trugdolde; unter den 2 Familien derselben (Araliaceen und Umbelliferen) nehmen die zahlreichen Doldenpflanzen den bei Weitem größten Theil ein und charakterisiren sie. Diese Pflanzen sind meist Kräuter, selten Stauden oder Bäume, im ersteren Falle ist der Stiel hohl, knotig, oft gefurcht, die Blätter sind meist verschieden getheilt, selbst gefiedert, meist abwechselnd, selten gegenständig oder quirlständig; Blüthen mit geringer Ausnahme in endständigen Dolden und Döldchen oft mit Hüllen und Hüllchen; der mit dem Fruchtknoten immer innig verwachsene Kelch hat einen meist 5 blättrigen, kleinen Saum, die Krone ist 5 blättrig, selten 4 blättrig, die Kronenblätter zuweilen von ungleicher Größe, ganz oder zweilappig, der Rand ist nach Innen gekrümmt; auch die 5 Staubgefäße sind nach Innen gerichtet und wechseln mit den Kronenblättern ab; 2, selten 1 oder mehrere Griffel, die anfangs aneinander liegen, später sich von einander beugen, die Frucht ist meist eine soge-

nannte Doldenfrucht (Spaltfrucht): zwei je mit einem Träger versehene und an ihm hangende Achenen, die mit der einen, ziemlich ebenen Fläche aneinanderliegen, deren gewölbte, obere Seite aber mit Thälchen, Hauptrippen, Striemen und Nebenrippen versehen ist und auf deren Vorhandensein und sonstiger Gestalt die Eintheilung der zahlreichen Familie zum größten Theil beruht. Embryo meist sehr klein. Dazu: Fig. 132 Anthriscus sylvestris Fig. 132.
(Chaerophyllum sylvestre), Waldklettenkerbel, mit verwischtem Kelchrande, verkehrt eirunden, ungleichen, weißen Kronenblättchen, mit kegelförmigem Stempelpolster und länglichen, von der Seite zusammengezogenen, geschnäbelten und bloß am Schnabel mit Rippen versehenen Achenen, deren Samen im Querschnitt eine Halbmondform bilden und deren Griffel länger als der Stempelpolster ist; mit abgestuft dreifach-gefiederten Blättern von dreieckigem Umriß, Dolden meist ohne Hülle, Döldchen mit 5—8 blättrigen Hüllchen. Die Pflanze wird bis 4′ hoch und hat eine ausdauernde, möhrenförmige Wurzel.

Am schwierigsten ist es, für die beiden letzten Klassen gemeinsame Merkmale aufzufinden; denn die Zahl der Familien und Gattungen ist sehr groß und die Entwickelung der Pflanzentheile hat bei ihnen die größte Mannigfaltigkeit erreicht. Freilich könnte man wohl sagen, daß der Kelch bei der 14. Klasse noch oft einblättrig, die Staubgefäße oft verwachsen und nicht in sehr großer Zahl vorhanden sind; daß die meisten Pflanzen derselben Kräuter sind; während die Pflanzen der 15. Klasse fast in allen Theilen die freieste Entwickelung erreicht haben: einen mehrblättrigen Kelch, oft eine große Zahl von Staubgefäßen, die mannigfaltigsten Früchte, häufig gefiederte Blätter und nicht selten einen baumartigen Wuchs, so wie auch der Reichthum an Stoffen, den sie bieten, die höchste Lebensthätigkeit anzeigt; indessen würde dies immer die Aufstellung einer Regel sein, von der es eine große Zahl von Ausnahmen gäbe. Ich muß daher die Charakterisirung dieser beiden Klassen gediegneren als meinen schwachen Kräften überlassen und begnüge mich mit der gewöhnlichen Angabe der Merkmale, die allerdings wenig Kennzeichen für ein natürliches System abgeben.

Zweiter Kreis, III. Abtheilung, III. Ordnung, 14. Klasse: Dicotyledones polypetalae, hypogynae, mehrblätt-

rige, bodenständige, zweisamenlappige Pflanzen. Die mehrblättrige Blumenkrone ist bei dieser Klasse eben so wie die Staubgefäße unter dem Fruchtknoten befestigt. Die Ranunculaceen, Geraniaceen, Malvaceen, Cruciferen und Caryophylleen sind die
Fig. 133. artenreichsten Familien in derselben. Dazu Fig. 133 Berberis vulgaris, gemeine Berberitze, ein Strauch mit verkehrt eirunden, sägezähnigen Blättern, welche an verkürzten Seitenzweigchen in Büscheln beisammen stehen, während die nach $\frac{2}{5}$ oder $\frac{3}{8}$ geordneten Blätter der verlängerten Zweige sich als einfache, drei- oder selbst fünftheilige Stacheln ausbilden. Die Uebergänge von der gewöhnlichen Blattform zur Stachelbildung findet man häufig an den Wurzelschößlingen. Die Blüthen stehen in hängenden Trauben, sie haben einen 6blättrigen Kelch und 6 Kronenblätter, von denen jedes am Grunde zwei Drüsen hat, 6 der inneren Seite der Kronenblätter angedrückte Staubgefäße, die bei der geringsten Berührung ihres Staubfadens an den Stempel schnellen, der Stempel einfach mit sitzender Narbe; die Frucht ist eine rothe, längliche, einfächrige, meist zweisamige Beere; alle Theile des Strauches haben eine angenehme Säure, die Wurzel und die Bastlage der Rinde einen gelben Färbestoff.

Zweiter Kreis, III. Abtheilung, III. Ordnung, 15. Klasse: Dicotyledones polypetalae perigynae, mehrblättrige, kelchständige, zweisamenlappige Pflanzen.

Bei diesen ist die Blumenkrone mehrblättrig und die Staubgefäße befinden sich auf dem Kelche. Es gehören dahin die reichhaltigen Familien der Rosaceen, unter denen sich unsere Obstbäume befinden; die Leguminosen, welche dem Menschen so reichhaltige Nahrung bieten; die Cacteen, die bei uns als Zierpflanzen, im südlichen Deutschland aber schon, vorzugsweise indessen in Amerika als Hecken in den wunderlichsten Formen und herrlichsten Blüthen erscheinen, und viele andere Pflanzenfamilien. Dazu
Fig. 134. Fig. 134 Colutea arborescens baumartiger Blasenstrauch mit unpaarig gefiederten Blättern, deren Blättchen verkehrt eirund und ausgerandet sind; die Blüthen stehen in nickenden Trauben, sind gelb mit röthlichem Anfluge, der Kelch ist fast fleischig, kugelförmig, die Krone schmetterlingsförmig, die Fahne groß und kreisrund, ausgerandet, in der Mitte mit einer herzförmigen Zeichnung, der Griffel ist aufsteigend, oben an der inneren Seite gebartet,

die Hülsen sammeln Luft an und geben daher, zusammengedrückt, einen Knall.

So hätte ich denn in Vorstehendem versucht, auf den Gebrauch meiner Karte hinzuweisen und darnach gestrebt, darzuthun, wie das natürliche System nicht einen einzelnen Theil einer Pflanze als Eintheilungsgrund gebraucht, wenn auch der Namen irgend einer Klasse es vermuthen ließe; es stellt vielmehr dies System in naturgemäßer Weise die zahlreichen Gattungen und Arten des Pflanzenreichs in lückenloser Aufeinanderfolge hin, fängt von der einfachen Organisation des Pilzes an und endigt, indem es der mannigfaltigen Veränderung in Organisation und äußerer Form bei den Pflanzen Rechnung trägt, bei denjenigen Pflanzenformen, welche die allseitigste Entwickelung zeigen. Möchte es mir gelungen sein, dies einigermaaßen nachzuweisen und möchte mein Versuch nachsichtige Beurtheiler finden.

Posen, im Juli 1855.

Dr. F. Brüllow.

Auf der Wandkarte sind zu verbessern:

Fig. 4 und 5 statt Chlorphyll lies Chlorophyll;
" 8 füge zur untern Bastfaserzelle B, zur oberen A;
" 107 statt Stengel lies Stempel;
" 113 statt Batrydium lies Botrydium.
Die Abbildung: über die Entwicklung des Farrnkrauts muß die No. 57 haben.

Druck von Georg Reimer in Berlin.

FSC
www.fsc.org
MIX
Papier | Fördert gute Waldnutzung
FSC® C083411

Zeitfracht Medien GmbH
Ferdinand-Jühlke-Straße 7
99095 Erfurt, Deutschland
produktsicherheit@kolibri360.de